Elisabeth Glöckner

Theorie, Durchführung und Auswertung der adaptiven Conjoint-Analyse (ACA)

GRIN Verlag

Bibliografische Information der Deutschen Nationalbibliothek:

Die Deutsche Bibliothek verzeichnet diese Publikation in der Deutschen National-
bibliografie; detaillierte bibliografische Daten sind im Internet über http://dnb.d-
nb.de/ abrufbar.

Impressum:

Copyright © 2005 GRIN Verlag GmbH
Druck und Bindung: Books on Demand GmbH, Norderstedt Germany
ISBN: 978-3-638-85428-3

Dieses Buch bei GRIN:

http://www.grin.com/de/e-book/81104/theorie-durchfuehrung-und-auswertung-
der-adaptiven-conjoint-analyse-aca

GRIN - Your knowledge has value

Der GRIN Verlag publiziert seit 1998 wissenschaftliche Arbeiten von Studenten, Hochschullehrern und anderen Akademikern als eBook und gedrucktes Buch. Die Verlagswebsite www.grin.com ist die ideale Plattform zur Veröffentlichung von Hausarbeiten, Abschlussarbeiten, wissenschaftlichen Aufsätzen, Dissertationen und Fachbüchern.

Besuchen Sie uns im Internet:

http://www.grin.com/

http://www.facebook.com/grincom

http://www.twitter.com/grin_com

Universität Passau
Wirtschaftswissenschaftliche Fakultät

Sommersemester 2005

Blockseminar
„Ausgewählte Verfahren der Conjoint-Analyse"

Theorie, Durchführung und Auswertung der Adaptiven Conjoint-Analyse (ACA)

Seminararbeit

vorgelegt am
Lehrstuhl für Statistik

Vorgelegt von:

Elisabeth, Glöckner

Inhaltsverzeichnis

Gliederung

Abkürzungsverzeichnis

ACA	Adaptive Conjoint-Analyse
bzw.	beziehungsweise
CA	Conjoint-Analyse
d.h.	das heißt
vgl.	vergleiche
z.B.	zum Beispiel

Abbildungsverzeichnis

1 Zielsetzung der Conjoint-Analyse

Zunehmender Wettbewerbsdruck durch die Globalisierung und die damit verbundene Vielfalt an Produktvarianten verstärkt die Notwendigkeit der Unternehmen, sich den laufend ändernden Konsumpräferenzen anzupassen, um am Markt bestehen zu können. Dazu bedient man sich der CA, einem Instrument aus der Marktforschung, mit Hilfe dessen man die für den Kauf eines Produkts entscheidenden Kriterien selektiert. Die CA veranschaulicht die idealen Merkmalskombinationen eines Produkts, mit deren Hilfe sich die maximale Befriedigung der Kundenbedürfnisse und somit der größte Markterfolg eines Produkts erzielen lassen.

Neben der Marktforschung und der Neuproduktgestaltung wird die CA auch zur Preisbildung, zur Verbesserung bereits existierender Produkte, zur Marktsegmentierung und zu Imageanalysen eingesetzt.[1]

Seit ihrer Einführung Anfang der Siebziger Jahre haben die CA und ihre verschiedenen Erscheinungsformen erheblich an Bedeutung gewonnen. Die einzelnen Verfahren ähneln sich in vielfacher Weise, weisen aber auch in gewissen Bereichen deutliche Unterschiede auf und bringen somit verschiedene Vor- und Nachteile mit sich. Heute bedient man sich unter anderem der ACA, einem neueren, weiterentwickelten Conjoint-Ansatz, bei dem sowohl die Datenerhebung als auch die Datenauswertung computergestützt erfolgt und sich die Befragung an den individuellen Präferenzen der Testpersonen (Probanden) orientiert. „Grundlage der ACA ist ein Softwareprogramm"[2], mit Hilfe dessen die Datenerhebung und Auswertung automatisch erfolgt. Durch den Computer wird jede Befragung speziell auf die Bedürfnisse der einzelnen Probanden ausgerichtet, da der Ablauf der Befragung auf den bisher beantworteten Fragen aufbaut. Aufgrund ständiger Verbesserungen und die heutige Soft- und Hardware ließen sich die Kosten für den Einsatz der ACA in den letzten Jahren erheblich reduzieren. Diese Arbeit beschäftigt sich mit der Theorie, Durchführung und Auswertung der ACA, wobei ein Schwerpunkt auf die Durchführung gelegt wird. Abschließend werden die Vor- und Nachteile aufgezeigt und es wird die Frage geklärt, in welchen Situationen der Einsatz der ACA zu empfehlen ist.

---

[1] Vgl. Gustafsson/ Herrmann/ Huber (2003), S.6 f.
[2] Herrmann/ Homburg (2000), S. 501.

2 Der theoretische Hintergrund der Adaptiven Conjoint-Analyse

2.1 Einordnung der ACA im Rahmen der Conjoint-Analyse

Bei der CA kann man zwischen kompositionellen, dekompositionellen und hybriden Verfahren unterscheiden, wobei die ACA als eine Weiterentwicklung der hybriden CA zu sehen ist. Hybride Modelle verknüpfen die kompositionellen und dekompositionellen Elemente, indem zuerst die individuell wichtigen Merkmale und Merkmalsausprägungen der einzelnen Testpersonen direkt erfragt werden (*kompositioneller* Teil) und anschließend anhand der bisherigen Erkenntnisse bestimmte Produkteigenschaften vom Befragten ganzheitlich (*dekompositioneller* Teil) bewertet werden. Es werden also letztendlich positive und negative Eigenschaftsausprägungen eines Vollkonzepts simultan („conjoint") beurteilt und gegeneinander abgewogen.[3]

Abbildung 1: Conjointanalytische Verfahren (Auszug)

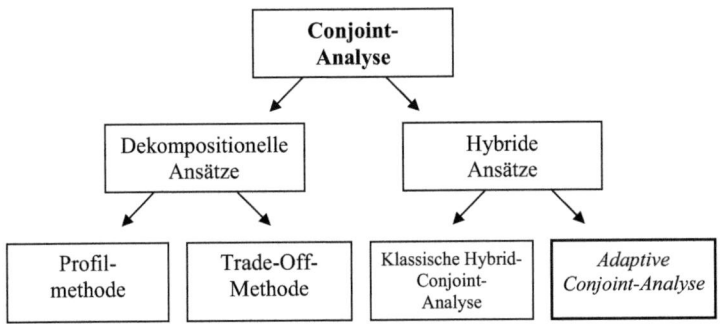

Quelle: eigene Darstellung
(in Anlehnung an Backhaus/ Erichson/ Plinke/ Weiber (2003), S. 597)

2.2 Abgrenzung zu den klassischen Conjoint-Verfahren

Die Verfahren der CA gehen grundsätzlich von der Annahme aus, dass sich der Gesamtnutzen des Probanden additiv aus den Nutzen der einzelnen Teilkomponenten zusammensetzt.[4] Im Gegensatz zum klassischen Hybrid-Ansatz erfolgt die gesamte Befragung bei der ACA aber computergestützt und „orientiert

---

[3] Vgl. Nieschlag/ Dichtl/ Hörschgen (1997), S. 829.
[3] Vgl. Nieschlag/ Dichtl/ Hörschgen (1997), S. 829.
[4] Vgl. Backhaus/ Erichson/ Plinke/ Weiber (2003), S. 544.

sich am Beurteilungsverhalten jeder einzelnen Auskunftsperson"[5]. In jeder Befragungsstufe geben die bereits beantworteten Fragen den Ausschlag für die anschließend gestellten Fragen (*adaptives* Verfahren). Das Ziel dabei ist, möglichst gut auf die unterschiedlichen Präferenzen der Testpersonen einzugehen und für den Probanden uninteressante Merkmalsausprägungen im weiteren Interviewverlauf außer Acht zu lassen, um möglichst viele Informationen pro zusätzliche Frage sammeln zu können. Durch diese „intelligente" Art der Fragestellung des Computers[6] stellt die ACA eine „echte Individualanalyse"[7] dar, mit Hilfe derer sich auch Präferenzen bezüglich komplexeren Produkten bestimmen lassen, was einen großen Vorteil der ACA gegenüber den traditionellen, dekompositionellen Conjoint-Ansätzen darstellt. Bei den dekompositionellen Ansätzen werden nämlich nicht einzelne Merkmale, sondern ganzheitlich Merkmalskombinationen beurteilt. Das Hauptproblem dabei ist, dass nur eine begrenzte Anzahl von Merkmalen untersucht werden kann und diese Verfahren somit für komplexere Situationen nicht geeignet sind. Durch die Erweiterung um einen kompositionellen Befragungsteil lässt sich die ACA deshalb auch bei umfangreichen Untersuchungen anwenden und führt dabei auch zu genaueren Ergebnissen als die dekompositionellen Ansätze.

3 Durchführung der Adaptiven Conjoint-Analyse

3.1 Vorbereitungen für die Durchführung

3.1.1 Bestimmung der Merkmale und der Merkmalsausprägungen

Bei der Vorbereitung der Durchführung der ACA muss zuerst entschieden werden, welche und wie viele Merkmale für die Präferenzanalyse relevant sind. Zur Beurteilung der die Kaufentscheidung beeinflussenden Eigenschaften eines Produkts soll sich der Anbieter in die Rolle des Nachfragers versetzen. Manchmal ist es auch sinnvoll, die gewählten Merkmalsausprägungen durch eine Vorbefragung zu überprüfen. Bei der Auswahl der Auskunftspersonen für die Stichprobe ist darauf zu achten, dass diese einen repräsentativen Teil der Grundgesamtheit darstellen. Es sollen also potentielle Käufergruppen befragt werden und man soll sich nicht beispielsweise ausschließlich auf Studenten zur

---

[5] Backhaus/ Erichson/ Plinke / Weiber (2003), S. 599.
[6] Vgl. Sawtooth Software, ACA 5.0 Technical Paper (2002), S.2.
[7] Backhaus/ Erichson/ Plinke / Weiber (2003), S. 599.

Befragung konzentrieren, wie es in vielen bisherigen Untersuchungen schon der Fall war.[8] Außerdem dürfen sich die ausgewählten Merkmale gegenseitig nicht bedingen, müssen folglich unabhängig voneinander sein. Darüber hinaus ist es notwendig, dass die Merkmale und deren Ausprägungen „vom Unternehmen beeinflussbar und technisch realisierbar"[9] sind, damit die Ergebnisse der Befragung auch umgesetzt werden können. Zu beachten ist auch die Wahl einer geeigneten Anzahl von Merkmalen und Merkmalsausprägungen. Bei der ACA können Studien mit maximal 30 Eigenschaften und maximal 9 Eigenschaftsausprägungen durchgeführt werden. Generell ist aber immer eine kleinere Anzahl von Merkmalen vorzuziehen, da bei steigender Anzahl von Merkmalen mehr Befragungsaufwand entsteht und eine Informationsüberlastung der Interviewten droht. Aus diesen Gründen wird empfohlen, sich auf etwa sechs Merkmale mit bis zu fünf Ausprägungen zu beschränken.

Im folgenden Beispiel einer Margarinestudie wurden fünf Merkmale mit jeweils drei Ausprägungen festgelegt, die nach Ansicht der Interviewer die wichtigsten Aspekte beim Kauf einer Margarine darstellen und außerdem alle obigen Kriterien erfüllen.

Abbildung 2: Merkmale und Merkmalsausprägungen am Beispiel einer Margarinestudie

Merkmale	Merkmalsausprägungen		
Marke	Becel	Sanella	Rama
Preis	2,50 € -3,00 €	2,00 € - 2,49 €	1,50 € -1,99 €
Verwendung	Als Brotauf-strich geeignet	Zum Kochen, Backen, Braten geeignet	Universell verwendbar
Haltbarkeit	Bis zu 3 Monaten	Bis zu 6 Monaten	Bis zu 9 Monaten
Kaloriengehalt	Kalorienarm	Kalorienreich	Normaler Kaloriengehalt

Quelle: in Anlehnung an Backhaus/ Erichson/ Plinke/ Weiber (2003), S. 570

3.1.2 Elimination bestimmter Kombinationen von Merkmalsausprägungen

In seltenen Fällen kann es auch sinnvoll sein, bestimmte Kombinationen von Merkmalsausprägungen von vorneherein auszuschließen, da diese in der Realität

---

[8] Vgl. Sawtooth Software, ACA 5.0 Technical Paper (2002), S. 13.
[9] Conrad, T. (1997), S. 42.

nicht vorkommen und deshalb dem Probanden gar nicht zur Auswahl vorgelegt werden sollen. Ein Beispiel dafür wäre ein qualitativ sehr hochwertiger PKW mit exklusiver Ausstattung, der zu einem sehr geringen Preis angeboten wird. Solch ein Ausschluss soll aber nur im Ausnahmefall praktiziert werden, da der Computer dies sonst nicht verarbeiten kann. Besser ist es somit, auch anfangs widersprüchliche Kombinationen in der weiteren Analyse beizubehalten.

3.1.3 Kurze Erklärung des Verfahrens für die Testpersonen

Bei der jetzt folgenden Auswahl der Testpersonen ist darauf zu achten, dass bestimmte Personengruppen für dieses Verfahren eventuell weniger geeignet sind, wie zum Beispiel ältere Menschen, bei denen diese Art der Datenerhebung unter Umständen Ablehnung hervorrufen kann, da sie Probleme beim Umgang mit dem Computer haben. Da oftmals dann für solch eine Untersuchung zu wenig Interesse und Aufmerksamkeit vorliegt, ist im Einzelfall zu prüfen, ob die Befragung per Computer überhaupt effektiv durchgeführt werden kann.

Bevor nun mit der eigentlichen Befragung begonnen wird, ist es wichtig, die richtigen Voraussetzungen für ein aussagekräftiges Interview zu schaffen. Dabei wird dem Probanden der genaue Ablauf des Verfahrens geschildert und die wichtigsten technischen Voraussetzungen zum Umgang mit dem computergestützten ACA-Verfahren werden erläutert. Anschließend werden der Testperson die zu beurteilenden Merkmale erläutert, um Missverständnissen vorzubeugen, ohne den Probanden in der Wahl seiner Präferenzen zu beeinflussen. Außerdem muss der Befragte während des Interviews ausreichend Gelegenheit für eventuell auftretende Rückfragen beim Interviewinitiator haben, der während der gesamten Befragung die Auskunftsperson betreut.

3.2 Ablaufschritte der Adaptiven Conjoint-Analyse

3.2.1 Ausschluss unakzeptabler Eigenschaftsausprägungen

Nachdem die relevanten Merkmale und Merkmalsausprägungen festgelegt wurden, kann nun mit der eigentlichen ACA-Befragung begonnen werden.

In diesem ersten und optionalen Teil des ACA-Fragebogens kann der Proband die für ihn für den Kauf eines Produkts gänzlich unakzeptablen Eigenschaftsausprägungen ausschließen, die dann für den weiteren Verlauf des Interviews keine Rolle mehr spielen. Dies geschieht durch Markierung durch den

Probanden zum Beispiel per Mausklick. Es muss sich dabei um Ausprägungen handeln, bei deren Vorliegen das Produkt unter keinen Umständen[10] vom Befragten gewählt wird.

Abbildung 3: Ausschlussverfahren am Beispiel von Automarken

Benutzen Sie die Maus, um jede Automarke zu wählen, die Sie <u>unter keinen Umständen</u> akzeptieren würden.
Porsche
~~Audi~~
BMW
VW
Mercedes

Quelle: eigene Darstellung

Diese Eliminierung verkürzt zwar einerseits die Interviewdauer und verringert damit die Belastung der Probanden[11], da sich die Anzahl der Eigenschaftsausprägungen für die weitere Befragung reduziert, trotzdem wird aber abgeraten, von diesem ersten Schritt Gebrauch zu machen. Aufgrund der Ausschlussmöglichkeit kommt es nämlich häufig zu einer vorschnellen Eliminierung von Merkmalsausprägungen, die man verbunden mit anderen positiven Eigenschaften bei näherer Betrachtung von Produkten nicht ausgeschlossen hätte. Somit ist dieser erste Schritt in der Praxis eher unüblich.

3.2.2 Präferenzordnung der Merkmalsausprägungen

3.2.2.1 Ranking

In dieser obligatorischen Phase der Befragung erfolgt eine individuelle Präferenzordnung der (aus 3.2.1 verbleibenden) Merkmalsausprägungen durch den Probanden. Dazu gibt es die Möglichkeiten des Ranking-Verfahrens und des Rating-Verfahrens. Bei beiden Verfahren erfolgt eine Beschränkung auf fünf Ausprägungen pro Merkmal, um die Befragungszeit und die Belastung des Probanden in Grenzen zu halten. Falls mehr als fünf Ausprägungen vorliegen, wird der Befragte aufgefordert, die für ihn fünf wichtigsten Eigenschaften

---

[10] Vgl. Sawtooth Software, ACA 5.0 Technical Paper (2002), S.5 "under any conditions".

[11] Vgl. Gustafsson/ Herrmann/ Huber (2003), S. 310, "information overload": Man nimmt an, dass bei einer zu großen Anzahl an zu beurteilenden Merkmalsausprägungen die Probanden nicht mehr in der Lage sind, all ihre Präferenzen richtig einzuschätzen.

- 7 -

festzulegen. Alle anderen Eigenschaften bleiben für die folgende Studie ohne Bedeutung. Hier soll in einem ersten Schritt das Ranking-Verfahren dargestellt werden. Beim Ranking wird eine eindeutige Präferenzrangfolge für alle Ausprägungen eines Merkmals erstellt, wobei klar ersichtlich wird, welche Eigenschaft der Befragte am meisten bevorzugt bzw. welche am wenigsten.

Abbildung 4: Ranking am Beispiel der Automarken

Bitte bringen Sie die folgenden Automarken in eine Reihenfolge von der meist präferierten bis hin zur am wenigsten präferierten.			
Porsche			← Hier die meist präferierte…
BMW			
VW			
Mercedes			← Hier die letzt präferierte.

Quelle: eigene Darstellung

Natürlich macht das Ranking nur bei objektiven Merkmalen wie zum Beispiel Marke, Geschmack etc. Sinn, denn bei subjektiven Merkmalen wie beispielsweise dem Preis geht man davon aus, dass die Präferenzen mit sinkendem Preis bei jedem Probanden zunehmen. Subjektive Merkmale werden also dann nicht mehr explizit in dieser Phase untersucht.

Problematisch erweist sich bei diesem Verfahren die Tatsache, dass der individuelle Nutzenzuwachs[12] des Probanden von einer Präferenzstufe zur nächst höheren nicht deutlich wird, da gleiche Abstände zwischen den einzelnen Ausprägungen angenommen werden und es keine Möglichkeit gibt, den prozentualen Nutzenzuwachs für jede Stufe darzustellen. Deshalb wird vom Computer pauschal der gleiche Nutzenzuwachs in der Präferenzordnung angenommen, obwohl dies unter Umständen nicht die Ansicht des Befragten widerspiegelt.

3.2.2.2 Rating

Die Anwendung des neueren Rating-Verfahrens statt des Ranking umgeht dieses Problem. Beim Rating werden die unterschiedlichen Präferenzen für die Merkmalsausprägungen auf einer zwei-bis-neun-Punkte-Skala eingetragen, wobei in der Praxis etwa sieben Skalenausprägungen üblich sind. Mehr

---

[12] Vgl. Sawtooth Software, ACA 5.0 Technical Paper (2002), S. 6, "utility increments".

Differenzierungen führen zu genaueren Ergebnissen, bringen aber auch mehr Aufwand bei der späteren Auswertung mit sich. Diese Methode wird wieder am Beispiel der Automarken verdeutlicht.

Abbildung 5: Rating am Beispiel der Automarken

Bitte bewerten Sie die folgenden Automarken anhand dieser Skala.						
gar nicht wünschenswert		etwas wünschenswert		sehr wünschenswert		extrem wünschenswert
1	2	3	4	5	6	7
Porsche O	O	O	O	O	O	O
BMW O	O	O	O	O	O	O
VW O	O	O	O	O	O	O
Mercedes O	O	O	O	O	O	O

Quelle: eigene Darstellung

Bei diesem Verfahren ist es wichtig, dass es mehr Differenzierungen auf der Skala als Merkmalsausprägungen gibt, da andernfalls mindestens zwei Merkmale zwangsläufig gleich bewertet werden müssen. Außerdem führt das Rating nur dann zu brauchbaren Ergebnissen, wenn der Befragte möglichst die ganze Skala ausnutzt, da nur so später eine sinnvolle Auswertung erfolgen kann, die auch eine gute Vergleichsmöglichkeit zu den Präferenzen des Probanden für andere Produkte und auch zu den Einschätzungen der weiteren Befragten bietet. Bei Berücksichtigung dieser Aspekte ist dieses Verfahren einfach anzuwenden und später auch leicht auszuwerten.

3.2.3 Bestimmung der relativen Wichtigkeit der einzelnen Eigenschaften

In der nächsten Phase der Befragung wird obligatorisch die relative Wichtigkeit der einzelnen Eigenschaften abgefragt. Dazu stellt man für die Testperson die zuvor von ihr ausgewählte beste und schlechteste Ausprägung aller Merkmale gegenüber, wobei davon ausgegangen werden soll, dass alle anderen Merkmalsausprägungen hier identisch sind, für die Beurteilung jetzt folglich keine Rolle spielen sollen.

An einem Beispiel soll gezeigt werden, dass die gleiche Eigenschaft in verschiedenen Situationen unterschiedlich wichtig sein kann. Im Fall eines Autokaufs beispielsweise wird der Preis eher kein ausschlaggebendes Kriterium darstellen, wenn dieser bei allen zur Auswahl stehenden Automarken um lediglich 10 € variiert. Wenn aber der Preis zwischen 10 000 € und 100 000 € liegt, wird dem Kriterium Preis wohl aber eine große Rolle bei der Präferenzvergabe zugemessen werden.[13] In diesem Abschnitt werden somit die Nutzenabstände der einzelnen Ausprägungen hinterfragt, was beim Ranking-Verfahren (vgl. Gliederungspunkt 3.2.2.1) vernachlässigt wurde.

Die Auskunftsperson wird jetzt aufgefordert, die Wichtigkeit der Eigenschaft „Automarke" auf einer Rating-Skala von 1 bis 7 zu beurteilen.

Abbildung 6: Bestimmung der Wichtigkeit der Merkmale am Beispiel der Automarken

Nehmen Sie an, Sie wollen von den beiden folgenden Automarken ein Auto kaufen. Wenn alles andere identisch ist bei diesen zwei Automarken (Preis, Fahrkomfort, Ausstattung,...) außer der Marke, wie wichtig wäre es für Sie, ein Auto zu kaufen von der Marke...						
BMW						
statt						
Mercedes						
überhaupt nicht wichtig	etwas wichtig		sehr wichtig			extrem wichtig
1	2	3	4	5	6	7

Quelle: eigene Darstellung

In einem letzten Schritt innerhalb dieser Phase berechnet der Computer aus den bisher gemachten Angaben Teilnutzenwerte, die für den folgenden Ablauf des Interviews benötigt werden. Dazu werden beim Ranking-Verfahren den einzelnen Rängen Werte zugeordnet, wobei die beste Ausprägung den größten Rangwert erhält und die schlechteste Ausprägung den kleinsten Wert, somit 1. Bezogen auf drei Ränge bedeutet dies, dass Rang 1 der Wert 3, Rang 2 der Wert 2 und Rang 3 der Wert 1 zugeordnet wird. Beim Rating-Verfahren ist dieser Schritt überflüssig, da den einzelnen Ausprägungen bereits Zahlen zugeordnet wurden, deren Werte hier verwendet werden. Anschließend wird von den einzelnen Werten der Durchschnittswert aller abgezogen, was bei drei Rängen zu 1; 0 und -1 führt. Diese Werte werden nun so transformiert, dass sich eine Spannweite von 1 ergibt, also 1; 0 und -1 wird zu 0,5; 0 und -0,5. Nun wird der transformierte Präferenzwert der Ausprägung mit der in diesem Abschnitt bestimmten

---

[13] Vgl. Sawtooth Software, ACA 5.0 Technical Paper (2002), S. 7.

Wichtigkeit der entsprechenden Eigenschaft multipliziert, wobei die Wichtigkeiten der Merkmale zuvor so umgeformt werden, dass sie einen Maximalwert von 4 annehmen. Das bedeutet also, dass sich der Wertebereich unterscheidet, je nachdem welche Skala man verwendet. Wird beispielsweise eine 4er-Skala verwendet, geht der Bereich von 1 bis 4 und bei einer 9er-Skala von $^4/_9$ bis 4. Für jede Ausprägung eines Merkmals wird durch die Multiplikation des normierten Präferenzwerts der Ausprägung mit der Wichtigkeit der zugehörigen Eigenschaft ein Teilnutzenwert bestimmt. Wenn beispielsweise ein Merkmal die Wichtigkeit 3 und drei Ränge mit den transformierten Werten -0,5; 0 und 0,5 besitzt, erhält man damit Teilnutzenwerte von -1,5; 0 und 1,5. [14]

$$T = a \times b$$

a = normierter Präferenzwert der Ausprägung

b = Wichtigkeit der zugehörigen Eigenschaft

T = Teilnutzenwert

Der Verlauf der Befragung vom Interviewbeginn einschließlich dieser Phase stellt den kompositionellen Teil des Verfahrens dar, was als Grundlage für den nun beginnenden dekompositionellen Teil dient. Die bisher bewerteten individuellen Merkmale und Merkmalsausprägungen werden im Folgenden zur Beurteilung von ganzheitlichen Produktkonzepten kombiniert.

3.2.4 Paarvergleiche von Teilprofilen

Dem Befragten werden jetzt jeweils zwei Produktkonzepte (Stimuli) vorgestellt und er muss dabei angeben, welches Konzept er bevorzugt und wie stark seine Präferenz dafür ist. Anhand der bisher individuell ermittelten Wichtigkeit der Merkmale und Merkmalsausprägungen werden der Testperson bei allen Paarvergleichen solche Produktprofile vorgelegt, die aufgrund seiner Beurteilung sehr ähnliche Gesamtnutzenwerte (entspricht der Summe der Teilnutzenwerte) aufweisen, d.h. bei denen der Proband fast indifferent sein müsste.

Zu Beginn dieses Abschnitts erscheint es sinnvoll, dem Probanden Konzepte mit lediglich zwei unterschiedlichen Merkmalsausprägungen zur Auswahl vorzulegen, um den Befragten nicht gleich zu überfordern. Im weiteren Verlauf

---

[14] Vgl. Sawtooth Software, ACA 5.0 Technical Paper (2002), S. 18.

können die Ausprägungen je Teilprofil variiert werden, wobei man sich auf maximal fünf Ausprägungen beschränken soll, da andernfalls die Aufgabe für den Probanden zu schwierig und komplex wird. Trotzdem haben aber sehr detailliert beschriebene Produktkonzepte, also Konzepte mit mehreren Merkmalsausprägungen, den wichtigen Vorteil, sehr realistisch zu sein.[15]

Abbildung 7: Vergleich von Teilprofilen anhand zweier Merkmalsausprägungen für das Autobeispiel

Wenn alles andere bei diesen beiden Automodellen identisch ist (inkl. Preis), welches würden Sie vorziehen?

Angebot 1				Angebot 2	
VW Kraftstoffverbrauch 7 l/100km		oder		BMW Kraftstoffverbrauch 10 l/100km	

links stark bevorzugt	links etwas bevorzugt	keine Präferenz	rechts etwas bevorzugt	rechts stark bevorzugt
1 2	3 4	5	6 7	8 9

Quelle: eigene Darstellung

Die Testperson wird bei diesem Beispiel aufgefordert, ihre Präferenz für eines dieser beiden Angebote anhand dieser neunstufigen Skala anzugeben.

Für die nächste Auswahl der Produktkonzepte, die miteinander verglichen werden sollen, werden die im vorherigen Paarvergleich erhaltenen Ergebnisse verwendet. Der Computer aktualisiert nach jedem Vergleich die Daten und berechnet nach jedem Schritt die Nutzenwerte neu. Somit stellen die verbesserten Nutzenwerte immer wieder eine neue Basis für die Auswahl der Produktkombinationen dar. Wie bei der ersten Auswahl der Produktkonzepte werden stets die Kombinationen von Merkmalen miteinander verglichen, deren Nutzenwerte sich möglichst wenig unterscheiden. Durch die fortlaufende Korrektur der Teilnutzenwerte bei jedem Paarvergleich ist es möglich, die Präferenzen des Probanden immer genauer zu beurteilen. Um möglichst viele Detailinformationen zu erhalten werden anhand der bisherigen Antworten immer konkretere Fragen vom Computer gestellt, die dann natürlich auch oft schwieriger zu beantworten sind. Durch jede zusätzliche Frage steigt deshalb der Informationswert, aber natürlich auch die Belastung des Befragten. Aus diesem Grund ist es wichtig, die Dauer dieser Phase durch ein

[15] Vgl. Sawtooth Software, ACA 5.0 Technical Paper (2002), S. 9.

spezifisches Abbruchkriterium zu begrenzen, beispielsweise Abbruch nach einer Befragungszeit von 20 Minuten.

3.2.5 Kalibrierung der Produktkonzepte

Im letzten optionalen Teil des Interviews wird die Auskunftsperson aufgefordert, konkret Kaufwahrscheinlichkeiten auf einer Skala von null bis hundert Prozent für ganzheitliche Produktkonzepte anzugeben. Diese fiktiven Vollkonzepte werden anhand der bisher gewonnenen Ergebnisse vom Computer durch Kombination von Merkmalsausprägungen erstellt. Nun wird der Testperson zuerst das anhand ihrer bisherigen Antworten unattraktivste Vollkonzept vorgelegt, dann das attraktivste und anschließend einige durchschnittlich attraktiven Konzepte.

Abbildung 8: Kaufwahrscheinlichkeiten für das Autobeispiel

Wenn dieses Auto zum Verkauf stünde, mit welcher Wahrscheinlichkeit würden Sie es kaufen?		
Marke:	VW	
Typ:	Polo, 54 kW/ 75 PS	
Kraftstoffverbrauch:	7 l/ 100km	
Ausstattung:	Klimaanlage, elektrische Fensterheber, 5-türig, 4x Airbag	
Preis:	9900 €	
sicher nicht kaufen	kaufen oder nicht kaufen möglich	sicher kaufen
0% 10% 20% 30%	40% 50% 60% 70% 80% 90%	100%

Quelle: eigene Darstellung

Dieser letzte Teil der Befragung dient der Feinabstimmung der bisherigen Teilnutzenwerte, anhand derer man die Präferenzen des Probanden möglichst genau abzuschätzen versucht. Aufgrund der Angabe der „Likelihood of buying"[16] (Kaufwahrscheinlichkeit) ist ersichtlich, wie sich eine Variation bestimmter Merkmalsausprägungen auf das Kaufverhalten der einzelnen Probanden auswirkt. Es wird nämlich nun ein Zusammenhang zwischen den ermittelten Präferenzen und den daraus resultierenden Kaufwahrscheinlichkeiten (*Kalibrierung*) dargestellt. Diese letzte Phase gibt also Aufschluss darüber, ob die beispielsweise positiv bewerteten Produkte auch mit hoher Wahrscheinlichkeit gekauft werden. Es kommt in der Praxis nämlich häufig vor, dass die Merkmalsausprägungen

---

[16] Sawtooth Software, ACA 5.0 Technical Paper (2002), S. 10.

eines Produkts von potentiellen Käufern zwar positiv bewertet werden, die Kaufwahrscheinlichkeit dafür aber trotzdem nur gering ist. Dieser Fall kann zum Beispiel vorliegen, wenn ein attraktiv bewertetes Produkt beim Probanden aufgrund des Vorliegens von Substitutionsprodukten, also Produkten, die den gleichen Nutzen erfüllen, keine Verwendung findet und somit auch nicht gekauft wird.

4 Auswertung und Interpretation der Ergebnisse

4.1 Analyse der Teilnutzenwerte sowie der Bedeutung der Merkmale

Nachdem alle relevanten Daten erfasst wurden, erfolgt nun deren Auswertung. In einem ersten Schritt werden die Teilnutzenwerte für die einzelnen Merkmale der hypothetischen Produkte für jeden Probanden ermittelt. Für jedes einzelne Merkmal werden Teilnutzenfunktionen aufgestellt, anhand derer ersichtlich wird, welche Bedeutung die einzelnen Merkmalsausprägungen für die Kunden haben. Um nun Aussagen über die Präferenzen von Kundengruppen treffen zu können, müssen die ermittelten individuellen Teilnutzenwerte noch durch Mittelwertbildung aggregiert werden, wozu man die einzelnen Werte zuerst aufsummiert und dann mittels Durchschnittsbildung die Teilpräferenzen für „Durchschnittskunden" ermittelt.

Abbildung 9: Teilpräferenzen für das Merkmal „Automarke" am Autobeispiel

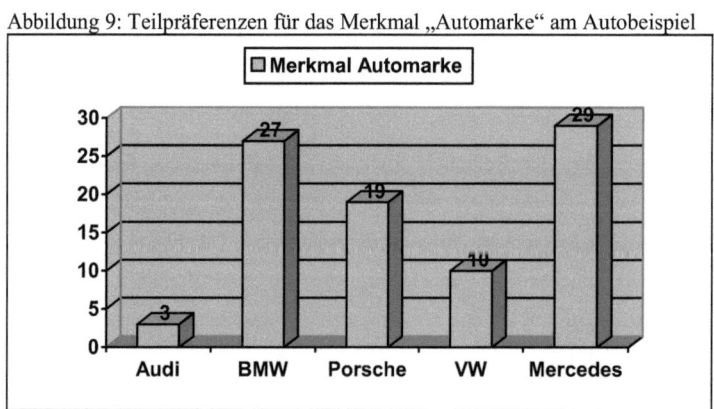

Quelle: eigene Darstellung

Anhand der Abbildung 9 sieht man, dass beim Autobeispiel für das Merkmal Automarke die Ausprägung „Mercedes" durchschnittlich den höchsten Nutzen bietet, wobei bei der Marke „Audi" der Nutzen sehr gering ist. Der Unterschied zwischen dem besten Teilnutzenwert („Mercedes") und dem niedrigsten Teilnutzenwert („Audi") stellt die Nutzenspanne dar. Bei einer verhältnismäßig großen Differenz dieser beiden Randwerte ist die Merkmalsausprägung von sehr großer Bedeutung und hat einen die Kaufentscheidung besonders beeinflussenden Charakter.

Bei allen anderen Merkmalen erfolgt ebenso eine Aufstellung der einzelnen Teilfunktionswerte, anhand derer die Bedeutung der einzelnen Merkmale ersichtlich wird. Die relativen Wichtigkeiten der einzelnen Merkmale werden nun berechnet, indem man die Nutzenspanne eines jeden Merkmals berechnet (der kleinste Nutzenwert wird vom größten Wert subtrahiert) und diese im Verhältnis zu allen aufsummierten Nutzenabständen setzt. Unter der Annahme, dass die Gesamtnutzenspanne beim Autobeispiel 110 beträgt, lässt sich leicht die Bedeutung des Merkmals „Automarke" berechnen:

Merkmalswichtigkeit Automarke = (29-3) : 110 = <u>23,64</u>%

Für alle anderen Merkmale wird dies ebenso berechnet, was zu den in Abbildung 10 veranschaulichten Ergebnissen führt.

Abbildung 10: Bedeutung der Merkmale am Autobeispiel

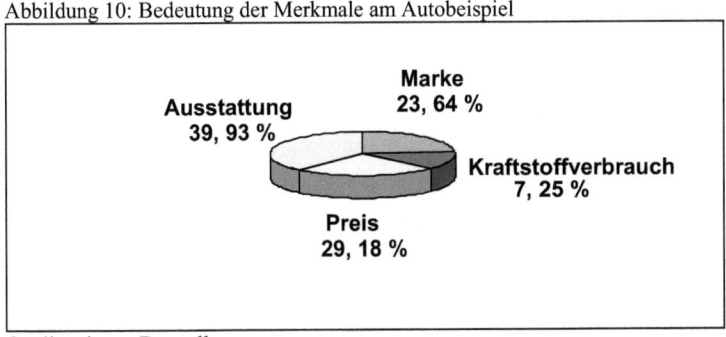

Quelle: eigene Darstellung

Aus dieser Darstellung wird deutlich, dass dem Merkmal „Ausstattung" die größte Bedeutung zukommt, wohingegen das Merkmal „Kraftstoffverbrauch" eine untergeordnete Rolle spielt. Das bedeutet, dass sich eine Änderung der Ausprägung „Ausstattung" besonders stark auf die Kaufentscheidung auswirken würde, während eine Änderung der Ausprägung „Kraftstoffverbrauch" wegen des in etwa gleich bleibenden Gesamtnutzens die Kaufentscheidung weit weniger beeinflusst.

Da für die Marktforschung letztendlich nicht die Einschätzungen einzelner Individuen relevant sind, sondern die Interessen von ganz bestimmten Personengruppen, kann es sinnvoll sein, die berechneten Teilnutzenwerte aller Befragten nicht pauschal aufzusummieren und einen Durchschnittswert zu bilden, sondern Kunden mit gleichen oder sehr ähnlichen Präferenzen zu Gruppen zusammenzufassen. Bei sehr unterschiedlichen Interessen werden nämlich ohne Durchführung der Marktsegmentierung die großen Präferenzunterschiede der Kunden durch Durchschnittsbildung nicht deutlich und es kommt zu „erheblichen Informationsverlusten"[17]. Zur Bildung von Personengruppen bedient man sich meist der Clusteranalyse, deren Vorgehensweise hier aber nicht näher erläutert wird. Die Differenzierung in Segmente macht natürlich nur Sinn, wenn die Kundengruppen eindeutig voneinander unterschieden werden können und dadurch signifikante Unterschiede zwischen den Segmenten aufgedeckt werden können. Wenn dies nicht der Fall ist, kann bei zukünftigen Befragungen auf Segmentbildung verzichtet werden. Beim Beispiel Autokauf kann beispielsweise eine Differenzierung nach Geschlecht (männlich/weiblich) oder nach Höhe des Einkommens (durchschnittliches Einkommen/überdurchschnittliches Einkommen) unterschiedliche Präferenzen der Segmente deutlich machen.

4.2 Durchführung von Marktsimulationen und deren Interpretation

Im Anschluss an die Analyse der Teilnutzenwerte sowie der Bedeutung der Merkmale können nun bestimmte Situationen, die sich am Markt ergeben könnten, simuliert werden und deren Auswirkungen auf die Produktwahl (sog. „What-if-Szenarios"[18]) analysiert werden. „What-if"-Analysen sind sowohl bei eigenen als auch bei Konkurrenzprodukten möglich[19]. Unter einer Simulation versteht man hier die realitätsgetreue Nachahmung des Verhaltens der Konsumenten auf Basis von Präferenzdaten beispielsweise bei einer Preisänderung oder bei Einführung eines Neuprodukts. Bevor die Simulation durchgeführt wird, muss man das Entscheidungsverhalten der Befragten ermitteln, wobei man sich fünf verschiedener Möglichkeiten bedienen kann. Man kann zum Beispiel die Präferenzanteile des Befragten für jedes Produkt ermitteln, oder jedem Einzelnen das Produkt zuordnen, das für ihn den höchsten Nutzen stiftet

---

[17] Globalpark GmbH, S. 20.
[18] www.sawttoothsoftware.com/aca.shtml.
[19] Vgl. www.sawttoothsoftware.com/aca.shtml.

(First-Choice-Prinzip) oder auch Kaufwahrscheinlichkeiten für die einzelnen Produktkonzepte angeben.[20] Beim folgenden Autobeispiel wird von den Präferenzanteilen („Share of Preference") ausgegangen, die zuerst für den Ausgangsfall, den „Base Case" ermittelt werden. Nachdem die Ausgangspräferenzanteile für alle Produkte bestimmt wurden, können nun Simulationen durchgeführt werden, mit Hilfe derer man die Veränderung der Präferenzanteile abschätzen kann.

Abbildung 11: Präferenzanteile beim „Base Case" und bei Durchführung von Simulationen

	BMW	Audi	VW	Mercedes	Porsche
Base Case Präferenzanteil	34,9 %	5,7 %	27,6 %	29,4 %	2,4 %
Simulation 1 (Präferenzanteil der Frauen)	20,7 %	11,6 %	49,4 %	17,1 %	1,2 %
Simulation 2 (Präferenzanteil bei Preiserhöhung bei BMW)	22,9 %	7,4 %	31,6 %	35,6 %	2,5 %
Simulation 3 (Präferenzanteil bei verringertem Kraftstoffverbrauch bei BMW)	36,3 %	5,6 %	26,6 %	29,1 %	2,4 %

Quelle: eigene Darstellung

Bei der ersten Simulation werden nur die Präferenzen der weiblichen Befragten berücksichtigt. Anhand der Abbildung 11 erkennt man bezüglich der Präferenzverteilung einen deutlichen Unterschied im Vergleich zum „Base Case", also im Vergleich zu allen Befragten. Ein weitaus größerer Anteil als im Ausgangsfall bevorzugt von den Frauen die Marke „VW", wohingegen die Präferenzen der Frauen für „BMW" und „Mercedes" viel geringer ausfallen als bei allen Befragten. Dies ist eine wichtige Erkenntnis für die Automobilindustrie, da der Anteil der Frauen beim Autokauf aufgrund der in den letzten Jahren steigenden beruflichen Qualifikation und des damit verbundenen höheren Gehalts immer mehr zunimmt und es deshalb immer wichtiger wird, deren Wünsche adäquat zu berücksichtigen.

Bei der zweiten Simulation wird deutlich, dass sich eine Preiserhöhung von BMW in verstärktem Maße auf die Kaufbereitschaft der Verbraucher auswirkt, da die Marke „BMW" nun deutlich weniger nachgefragt wird im Vergleich zum „Base

---

[20] Vgl. Sawtooth Software, ACA 5.0 Technical Paper (2002), S.12.

Case", während die Nachfrage bei den anderen Automarken dementsprechend zunimmt. Diese Veränderung des Nachfrageverhaltens belegt die große Bedeutung des Merkmals „Preis" beim Autokauf.

Simulation drei veranschaulicht den Präferenzanteil bei Einführung einer neuen Technik bei BMW, wodurch weniger Kraftstoff verbraucht wird bei gleichem Verkaufspreis. Da die Zunahme des „Share of Preference" bei BMW nur sehr gering ausfällt, zeigt sich, dass der Kraftstoffverbrauch keine derart bedeutende Rolle wie etwa der Preis beim Autokauf spielt.

Anhand dieser Ergebnisse konnte nun festgestellt werden, wie sich die Änderungen bestimmter Merkmalsausprägungen auf das Kaufverhalten auswirken würden. Man kann beispielsweise bei einer Preissteigerung sowohl den zukünftigen Marktanteil des eigenen Unternehmens sowie den der Wettbewerber abschätzen. Schnell ersichtlich ist bei der Durchführung von Simulationen auch, welchen Nutzenbeitrag die einzelnen Merkmale zum Gesamtkonzept leisten, welche Aspekte das Produkt also besonders wertvoll machen. Ebenso kann analysiert werden, wie sich die Einführung eines neuen Produkts oder auch die Verbesserung eines existierenden Produkts auf den eigenen Marktanteil sowie auf den der Konkurrenz auswirkt. Man erhält außerdem Hinweise zur optimalen Produktgestaltung, da aus den Simulationen Variationsmöglichkeiten abgeleitet werden können, die für die Produktentwicklung verwendet werden.

Berücksichtigt werden muss bei dem Simulationsmodell, dass die erhaltenen Ergebnisse nur als Orientierungshilfe für das tatsächliche Vorgehen dienen sollen. Die Reaktionen der Konkurrenz auf eine Preissenkung der Produkte der anderen Anbieter können beispielsweise nicht vorhergesagt werden und werden deshalb bei der Simulation nicht berücksichtigt. Da in der Realität aber eine Änderung des Wettbewerberverhaltens (z.B. ebenfalls Preissenkung oder Verbesserung der Qualität der eigenen Produkte oder des Services) zu erwarten ist, spiegelt die Simulation in diesem Fall die Wirklichkeit nicht adäquat wider.

5 Beurteilung der Adaptiven Conjoint-Analyse

5.1 Vor- und Nachteile

Abschließend erfolgt nach der Schilderung der Theorie, Durchführung und Auswertung der ACA deren Beurteilung, wobei hier zunächst die Vor- und Nachteile aufgezeigt werden.

Im bisherigen Teil der Arbeit wurden schon einige positive Aspekte dargestellt. Als einer der wichtigsten Aspekte zählt wohl die Tatsache, dass bei der ACA mit Hilfe des Computers deutlich mehr Merkmale und Merkmalsausprägungen untersucht werden können als bei den anderen Conjoint-Verfahren. Die Belastung der Probanden kann trotz dieser vielen Stimuli in Grenzen gehalten werden, da sich das Interview an den Befragten individuell anpassen lässt und sich an den bisherigen Antworten des Probanden orientiert, wobei uninteressante Informationen für den weiteren Befragungsablauf unberücksichtigt bleiben. Durch den Computer erfolgt also eine deutliche Reduktion der untersuchten Merkmalskombinationen, so dass keine Überforderung der Probanden droht. Des Weiteren konnte in Studien bewiesen werden, dass computergestützte Verfahren das Interesse der Befragten eher wecken und ihnen mehr Aufmerksamkeit geschenkt wird als den herkömmlichen Befragungsmethoden mit Stift und Papier.[21] Der Befragungsstil wird bei der ACA von den Befragten sogar oft als interessanter und einfacher beurteilt, was natürlich die Qualität der Befragungsergebnisse auch erhöht. Im Vergleich zum Full-Profile-Ansatz dauert die ACA bei wenigen Merkmalen länger, aber bei einer steigenden Anzahl von Merkmalen ist der Zeitaufwand bei der ACA wesentlich geringer. Auch die Datenanalyse erfolgt bei der ACA deutlich schneller (ein bis zwei Tage) als beim Full-Profile-Ansatz (ein bis zwei Wochen). Die automatische Durchführung des Verfahrens und die spätere Auswertung durch den Computer führt zu einer „einfachen Handhabbarkeit und entsprechender Dominanz des Verfahrens in praktischen Anwendungen"[22]. Durch die Softwareunterstützung und den Laptopeinsatz ist es somit möglich, sowohl die Befragungsdauer gering zu halten sowie eine hohe Befragungsqualität zu gewährleisten.

Nachteilig erweisen sich beim Einsatz der ACA die damit verbundenen hohen Kosten, die sich aufgrund der benötigten Soft- und Hardware (z. B. Laptop)

---

[21] Vgl. Sawtooth Software, ACA 5.0 Technical Paper (2002), S. 13.
[22] Herrmann/ Homburg (2000), S. 502.

ergeben. Deshalb lohnt sich das Verfahren nur, wenn es regelmäßig eingesetzt wird, um die hohen Fixkosten durch entsprechende Vorteile des Einsatzes ausgleichen zu können. Hierfür muss also eine Kosten-Nutzen-Abwägung erfolgen. Die computergestützte Methode verlangt außerdem eine hohe Qualifikation der Interviewbetreuer. Diese sind aber häufig schlecht qualifiziert und werden den technischen Anforderungen nicht gerecht, was zu Problemen bei der Durchführung und Auswertung der ACA führt. Als ein Hauptproblem der ACA zählt die fehlende Berücksichtigung von Interaktionen zwischen den einzelnen Eigenschaften, denn es werden bei dem Verfahren nur die Haupteffekte untersucht, wobei davon ausgegangen wird, dass diese sich nicht gegenseitig beeinflussen. Die Vernachlässigung der Bedeutung der Eigenschaft „Preis" führt überdies zu einer Schwäche des Verfahrens im Rahmen der Preisbildung, weshalb zu empfehlen ist, andere Methoden wie etwa die Choice-Based Conjoint-Analyse anzuwenden, falls die Preisanalyse das Hauptziel der Untersuchung darstellt.

5.2 Einsatzgebiete der ACA

Aus den soeben erläuterten Vor- und Nachteilen ergeben sich Situationen, in denen der Einsatz der ACA zu empfehlen ist. Wie auch bei den anderen CA-Verfahren wird die ACA in erster Linie in der betrieblichen Marktforschung eingesetzt, etwa in der Lebensmittelbranche, bei Banken und Versicherungen, in der Telekommunikation, beim Umweltschutz und auch bei öffentlichen Einrichtungen. Beispielsweise auch die Deutsche Lufthansa bedient sich der CA, um „die Bedeutung der einzelnen Angebotskomponenten aus Kundensicht zu erfassen"[23]. Die ACA wendet man immer dann an, wenn die relative Bedeutung einzelner Merkmale zum Gesamturteil wichtig ist, das heißt, wenn die unzureichende Ausprägung eines Merkmals bei gleich bleibender Ausprägung der anderen Merkmale zum Kaufverzicht führen würde. Vor allem auch zur Neugestaltung von Produkten ist die Anwendung der ACA besonders zu empfehlen. Die Analyse der Wichtigkeit der einzelnen Merkmale bei der ACA stellt die Grundlage für die präzise Anpassung der zukünftigen Angebote auf die Kundenbedürfnisse dar. Generell ist die ACA wie bereits erwähnt den anderen Conjoint-Verfahren vor allem dann vorzuziehen, wenn besonders viele Merkmale und Merkmalsausprägungen untersucht werden, wobei bei wenigen Eigenschaften dagegen die Full-Profil-Methode angewandt werden soll.

---

[23] Haedrich/ Tomczak (1996), S. 197.

Zu beachten ist grundsätzlich, dass die ACA wie auch die anderen Marktforschungsmethoden nur als Hilfsmittel zur Entscheidungsfindung dienen soll und die Ergebnisse der Befragung nur richtungsweisenden Charakter haben. Wie bei allen Conjoint-Analysen ist auch hier nicht sichergestellt, dass das Kaufverhalten der Kunden später tatsächlich auch die Präferenzen der untersuchten Probanden reflektiert, wobei in der Regel keine zu starke Diskrepanz zwischen Interview und Praxis zu erwarten ist.

Abschließend soll betont werden, dass sich die ACA vor allem aufgrund der obigen Vorteile mittlerweile zur meist benutzten Methode bei der Durchführung von Conjoint-Interviews in der Welt entwickelt hat.

Literaturverzeichnis

Backhaus, K./ Erichson, B./ Plinke, W./Weiber, R. (2003):
Multivariate Analysemethoden - eine anwendungsorientierte Einführung,
10. Auflage, Berlin Heidelberg 2003

Berekoven, Ludwig/ Eckert, Werner/ Ellenrieder, Peter (1999):
Marktforschung, 8. Auflage, Wiesbaden 1999

Brockhoff, Klaus (1999):
Produktpolitik, 4., neubearbeitete und erweiterte Auflage, Stuttgart 1999

Conrad, Till (1997):
Preisbildung mittels der Conjoint-Analyse und eines Simulationsmodells am
Beispiel eines Premiumanbieters der Automobilindustrie,
Inaugural-Dissertation, Fellbach 1997

Globalpark GmbH:
Umfragecenter 3.4- Das Conjoint-Modul 1.0 (ACA Fachbeitrag)
http://www.globalpark.de/de/mydocs/Artikel_Adaptive_Conjoint_Analyse.pdf
(Zugriff am 30.03.2005)

Globalpark GmbH: Umfragecenter
http://www.umfragecenter.de/uc/main/a229
(Zugriff am 18.04.2005)

Gustafsson, A./ Herrmann, A./ Huber, F. (2003):
Conjoint Measurement (Methods and Applications), Third Edition, Berlin 2003

Haedrich, Günther/ Tomczak, Torsten (1996) : Produktpolitik, Stuttgart 1996

Herrmann, Andreas/ Homburg, Christian (Hrsg.) (2000):
Marktforschung, 2., aktualisierte Auflage, Wiesbaden 2000

Nieschlag, Robert/ Dichtl, Erwin/ Hörschgen, Hans (1997):
Marketing, 18. Auflage, Berlin 1997

Sawtooth Technical Paper Series (2002):
ACA 5.0 Technical Paper, Sequim WA

Sawtooth Technical Paper Series (2005):
ACA-Adaptive Conjoint Analysis
http://www.sawtoothsoftware.com/aca.shtml (Zugriff am 30.03.2005)

Scharer, Michael (2000): Conjoint Analyse
http://www.rpkalf4.mach.uni-karlsruhe.de/~paral/MAP/nconjoint_analyse_b.html
(Zuletzt aktualisiert am 10.05.2000)